里奥的伟大计划

·认识货币·

国开童媒 编著　李妲 文　狐豆 图

国家开放大学出版社出版　国开童媒（北京）文化传播有限公司出品

北　京

我叫里奥，我是一只毛毛虫，
但我不可能永远是一只毛毛虫。

你知道为什么吗？

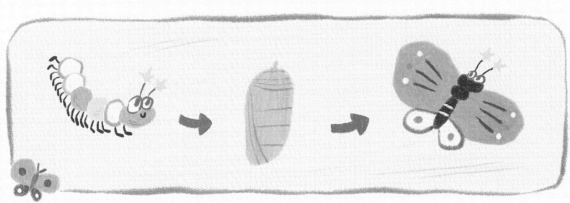

对，我会变成一只蝴蝶，而且是一只——与众不同的蝴蝶。

别问我为什么，因为每个人都有梦想！

众所周知，我们蝴蝶家族世世代代都是舞蹈家。
民族舞、拉丁舞、现代舞、芭蕾舞、霹雳舞……
没有我们不会跳的。

仿佛我们只会跳舞？是这样吗？不是！所以，

我不想像他们一样，
成为一名舞蹈家。
我要成为一名魔术师！

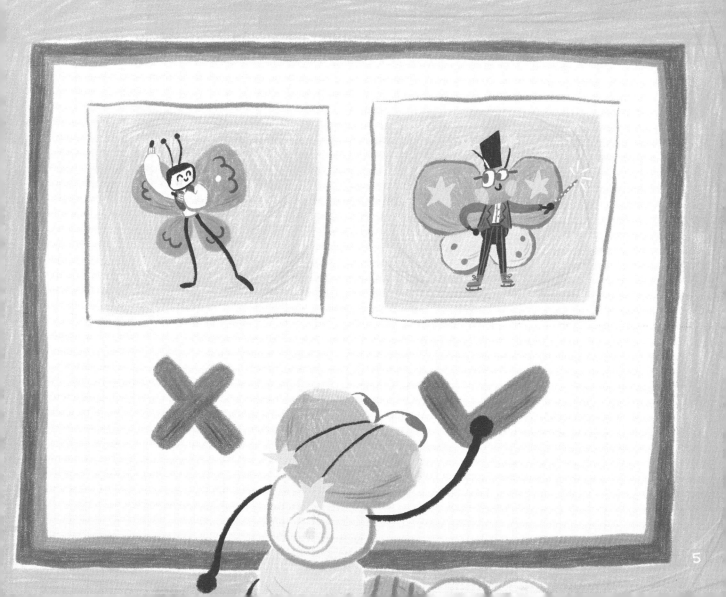

代价就是，我需要自己准备魔术师的装备。
比如：

魔术师衣服、

手杖、

帽子，

对了，我还想要一双滑冰鞋，伟大的魔术师是不可能穿着普通的鞋子进场的。

你要是像你的哥哥姐姐一样成为舞蹈家，就不用这么操心了！

是啊，家里的舞蹈装备一抓一大把。

当然，这都得用我自己的钱去购买，很显然他们并不看好这个决定。

这有点儿像你想要买个什么玩具，你的爸爸妈妈觉得没有必要不给买，而你不得不用自己的零花钱去购买的时候。

没办法，大人就是这样，但我们总能想办法实现的，对吗？

先来列个计划吧：

里奥的伟大计划

——梦想购买清单及费用

......10元

......1元

......6元

......8元

哦，对了！忘了最重要的——《魔术大全》！

《魔术大全》！......2元

魔术大全

变！变！变

100个魔术技巧一学就会

虽然这些钱看起来有点儿多，但是，我有小金库。

嘿嘿，让我数一数里面有多少钱吧。

先按单位给它们分好类，

元的放这边，

角的放这边。

再按面值给它们分好类，

5元在这儿，

1元在这儿，

5角在这儿，

1角在这儿。

你可别被纸币和硬币搞晕了，只要数值和单位一样，它们所代表的钱数就是一样的。

对了，再教你一招，1元=10个1角=2个5角，这是啄木鸟老师教我们的，我都记得呢！

1角 + 1角 + 1角 + 1角 + 1角 + 1角 + 1角 + 1角 + 1角 + 1角 = 1元

1元 + 1元 = 2元　　5角 + 5角 + 5角 + 5角 = 2元

5元 + 1元 + 2元 + 2元 = 10元！

10元可以买到魔术师衣服。

= 10元

里奥的伟大计划 ——梦想购买清单及费用

..... ✓

..... 1元

! 6元

..... 8元

《魔术大全》!
...... 2元

那剩下的装备

怎么办

？？？

有了！

我可以把我的鞋卖掉！

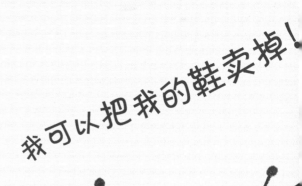

你的鞋我全要了！

哪儿来的声音？

紧接着，

碰！

哗 啦 啦 啦

原来是蜘蛛萨拉。

你快数数这些钱，这都是我一针一线挣出来的。

看来钱都是一点点攒出来的啊！

既然萨拉先生可以靠自己的手挣钱，那我也可以通过自己的劳动挣钱呀。

嘿，小毛虫，你在找工作吗？

你的身体看着很灵活，可以来我这儿表演杂技。

杂技？

就是把身子的形状变得奇形怪状或者在钢丝上走路，你能做到吧？

表演一场5角钱。

没表演的时候，你可以每天往团里运送一次虫子们的食物——叶子。运送一次1角钱。

你这虫子还挺会计划，没问题！

啊，嗯？虫虫马戏团？

这倒是简单，不过……

虫虫马戏团

一言为定！您这儿还有什么我能做的活吗？

呃，工资没问题。但我有个要求，10天结算一次工资。

小贴士：小朋友，你知道里奥为什么会提这样的要求吗？

17

就这样，我开始了我的打工生活。

不是每天都有表演，但是每天都会做运送工作，像这样：

所以，随着时间一天一天
过去，我瘦了!

所有的辛苦都是值得的，我离梦想又近了一步。
快来看看我的挣钱进度吧。

🌟 里奥的伟大计划 —— 挣钱进度 🌟

第1天	+ 🛷 5角 + 1角	第11天	+ 🛷 5角 + 1角
第2天	🛷 1角	第12天	🛷 1角
第3天	🛷 1角	第13天	🛷 1角
第4天	+ 🛷 5角 + 1角	第14天	+ 🛷 5角 + 1角
第5天	🛷 1角	第15天	🛷 1角
第6天	🛷 1角	第16天	🛷 1角
第7天	+ 🛷 5角 + 1角	第17天	+ 🛷 5角 + 1角
第8天	🛷 1角	第18天	🛷 1角
第9天	🛷 1角	第19天	🛷 1角
第10天	+ 🛷 5角 + 1角	第20天	+ 🛷 5角 + 1角

工资结算：

5角 + 5角 + 5角 + 5角 = 2元

1角 + 1角 + 1角 + 1角 + 1角 + 1角 + 1角 + 1角 + 1角 + 1角 = 1元

共计：3元

工资结算：

5角 + 5角 + 5角 + 5角 = 2元

1角 + 1角 + 1角 + 1角 + 1角 + 1角 + 1角 + 1角 + 1角 + 1角 = 1元

共计：3元

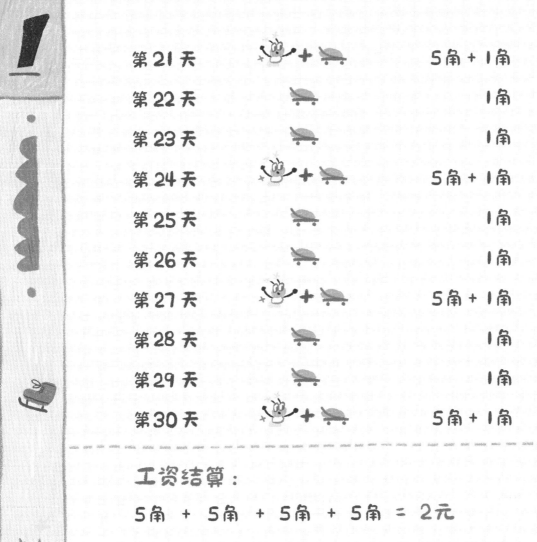

第21天　🤖 + 🛹　　　5角 + 1角

第22天　🛹　　　1角

第23天　🛹　　　1角

第24天　🤖 + 🛹　　　5角 + 1角

第25天　🛹　　　1角

第26天　🛹　　　1角

第27天　🤖 + 🛹　　　5角 + 1角

第28天　🛹　　　1角

第29天　🛹　　　1角

第30天　🤖 + 🛹　　　5角 + 1角

工资结算：

5角 + 5角 + 5角 + 5角 = 2元

1角 + 1角 + 1角 + 1角 + 1角 + 1角 + 1角 + 1角 + 1角 + 1角 = 1元

共计：3元

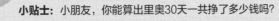
小贴士： 小朋友，你能算出里奥30天一共挣了多少钱吗？

() 6元 = 3元 + 3元

(✎) 1元 + () 2元 = 3元

里奥的伟大计划

——梦想购买清单及费用

《魔术大全》！

耶！

我可以去买我的魔术装备了！

神奇变变变魔术城

老板，我要这套衣服！

这鞋太酷了，快给我包起来！

我要那顶梦想家魔术帽！

哦，我该做茧了。

两周后，我将破茧成蝶，一个伟大的魔术师即将闪亮登场！

敬请期待吧！

知识导读

　　每个人都有梦想，故事中的毛毛虫为了实现自己魔术师的梦想，做了详细的挣钱计划。所以我们可以让孩子知道，梦想的实现需要自己的不懈努力，不能遇到困难就放弃。

　　本故事的知识点是货币，所以我们要先让孩子认识和了解货币。货币对孩子来说一定不会陌生，因为生活中离不开货币。货币的发展史可以追溯到远古时期的贝壳，再到春秋战国时的金属铸币，再到纸币"交子"，最后演变至今天的电子支付。但无论是什么货币形式，我们要帮助孩子理解，东西的价值和货币的价值是相等的。

　　在我国，我们使用的货币叫人民币。人民币单位为"元"，辅币单位为"角"和"分"。人民币有纸币和硬币两种形式，每种又分为多种面值。人民币上均有国徽，它代表了我们的国家，我们要爱护人民币。人民币也是采用十进制，1元等于10角，1角等于10分。

　　在家里，我们可以和孩子玩购物游戏，让孩子在游戏中了解商品的价格，学会付钱、找钱，积累实际的生活经验，促进孩子数学应用意识的发展。

北京润丰学校小学低年级数学组长、一级教师　蒋慕香

思维导图

　　毛毛虫里奥有一个伟大的计划，他要成为蝴蝶家族独一无二的魔术师。然而，成为一名魔术师不仅需要魔术装备，还需要学习技术，这些都需要很多钱，但里奥存的钱还远远不够，他该怎么办呢？他会成为一名魔术师吗？请看着思维导图，把这个故事讲给你的爸爸妈妈听吧！

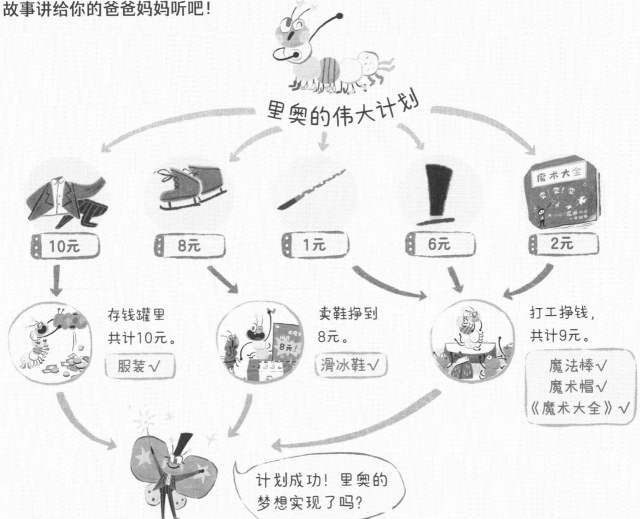

里奥的伟大计划

10元　　8元　　1元　　6元　　2元

存钱罐里共计10元。
服装√

卖鞋挣到8元。
滑冰鞋√

打工挣钱，共计9元。
魔法棒√
魔术帽√
《魔术大全》√

计划成功！里奥的梦想实现了吗？

数学真好玩

·货币真有用·

一、下面是妈妈奖励你的零花钱，你能算出一共是多少钱吗？

妈妈一共给了我 ＿＿＿＿ 元。

二、如果妈妈让你把上面的钱全部花完，你能买到下面什么东西呢？
快和爸爸妈妈说说你的计划吧！

·银行小职员·

1.两名玩家：一名银行小职员，一名小客户。

2.游戏准备：

1）用白纸做成多张/枚货币（长方形代表纸币，圆形代表硬币），面额分别为10元、5元、1元、5角、1角（1元，5角，1角面额的货币需要多准备点哟）。

2）将几张10元、5元面额的纸币分给小客户，其他货币归银行小职员保管。

3）小客户和银行小职员都需要把自己手里的货币进行分类，并用纸记录下来。

3.游戏规则：

1）小客户要到银行换钱，需要向银行小职员提出自己的需求，比如"请帮我把5元换成面额为1元和5角的组合形式"。

2）银行小职员需要根据需求为小客户换钱。小客户别忘了检查银行小职员给自己换的钱的总额是否正确哟！两人都需要用纸记录自己的货币交换情况。

3）重复以上流程，银行小职员剩余的小面额货币会越来越少，所以面临的挑战会越来越大，银行小职员能否正确无误地完成工作呢？

4）当银行小职员手中所剩的货币无法完成小客户的需求时，此轮游戏结束。

小挑战！二人可以继续玩"用小面额货币兑换大面额货币"的游戏，看看谁算得又快又好！

知识点结业证书

亲爱的_____小朋友，

恭喜你顺利完成了知识点"**认识货币**"的学习，你真的太棒啦！你瞧，数学并不难，还很有意思，对不对？

下面是属于你的徽章，请你为它涂上自己喜欢的颜色，之后再开启下一册的阅读吧！